AF509722

INVENTAIRE
S 32.610

CONFÉRENCE

SUR LE

VER A SOIE DU CHÊNE

(Bombyx Yama-maï)

DONNÉE AU PALAIS DE L'INDUSTRIE A PARIS

LE 28 AOUT 1865

PAR

CAMILLE PERSONNAT

ancien secrétaire de la Société des Sciences naturelles de l'Ardèche
et du Comice agricole de Privas
etc., etc., etc.

A PARIS

LIBRAIRIE AGRICOLE DE LA MAISON RUSTIQUE
26, rue Jacob, 26

A LAVAL

A L'ÉCOLE DE SÉRICICULTURE
59, rue de Bretagne, 59

1866

Tous droits réservés

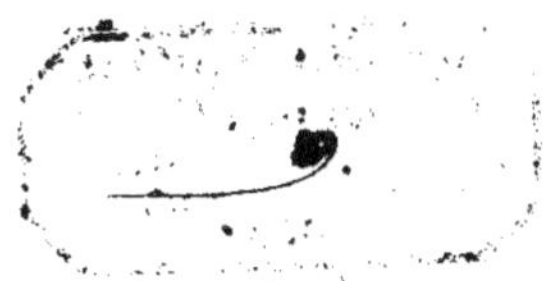

CONFÉRENCE

SUR LE

VER A SOIE DU CHÊNE

(Bombyx Yama-maï)

DONNÉE AU PALAIS DE L'INDUSTRIE A PARIS

LE 28 AOUT 1865

PAR

CAMILLE PERSONNAT

ancien secrétaire de la Société des Sciences naturelles de l'Ardéche
et du Comice agricole de Privas
etc., etc., etc.

A PARIS

LIBRAIRIE AGRICOLE DE LA MAISON RUSTIQUE
26, rue Jacob, 26

A LAVAL

A L'ÉCOLE DE SÉRICICULTURE
59, rue de Bretagne, 59

1866

Tous droits réservés

LAVAL. — IMP. MARY-BEAUCHÊNE.

CONFÉRENCE

SUR LE

VER A SOIE DU CHÊNE

(Bombyx Yama-maï) [1]

———

Messieurs, à une voix plus autorisée que la mienne aurait dû être réservé l'honneur d'ouvrir la série des conférences sur la sériculture, dans cette enceinte et devant l'auditoire nombreux et choisi qui veut bien m'accorder quelques moments d'attention. Il a fallu, pour m'y résoudre, la bienveillante et flatteuse insistance des savants qui ont organisé l'utile Exposition des insectes. Je les en remercie sincèrement ; mais je n'ignore pas que j'ai besoin de toute votre indulgence, et si j'espère l'obtenir, c'est que j'ai à vous présenter un insecte, le Ver à soie du chêne du Japon, qui intéresse au plus haut point l'agriculture et l'industrie françaises.

Il s'attache, en effet, messieurs, un très-grand intérêt à l'étude des séricigènes qui pourraient venir en aide au ver du mûrier, dans un temps où la maladie ravage avec une cruelle et désolante persévérance les contrées séricicoles, naguère si fortunées, et où cependant la consommation de la soie atteint des chiffres considérables, puisque, dès 1855, époque à laquelle on en employait moitié moins qu'aujourd'hui, les matières soyeuses consommées en France s'élevaient déjà à une

(1) Reproduction intégrale ou partielle interdite.

valeur de 355 millions, dont 122, au moins, fournis par l'étranger.

C'est dans l'Ardèche, cette terre classique de la soie, où, comme secrétaire de la Société des sciences naturelles du département, et du Comice agricole de Privas, je m'occupais depuis plusieurs années d'études relatives à la sériciculture, que j'entrepris l'introduction dans la vallée du Rhône, à leur apparition en France, des nouvelles espèces de vers à soie récemment découvertes.

Je m'occupai d'abord du ver de l'ailante, qui, dans le Midi, peut donner facilement deux récoltes par an et constituer, même dans les mauvais terrains, une fructueuse culture, mais qui deviendra peut-être trop peu rémunérateur dans le Centre-Nord, en raison de la difficulté d'y faire annuellement plus d'une éducation.

Je n'ai point à vous parler aujourd'hui de ce Bombyx, sur lequel un zélé sériciculteur donnera prochainement, ici même, d'intéressants détails. Je dois avouer, cependant, qu'après l'arrivée en Europe du précieux Ver du chêne du Japon, j'abandonnai les espèces à cocons naturellement ouverts pour consacrer tous mes soins à l'acclimatation du nouveau séricigène, dont la supériorité me parut immense, incontestable.

Et en effet, messieurs, si l'on vous disait qu'un ver donne un magnifique cocon d'un beau jaune verdâtre, complètement fermé, ce qui rend son dévidage mécanique très facile, dont le brin est élastique et solide, malgré sa finesse, dont la soie possède un éclat égal ou supérieur à celle du mûrier, et que ce ver merveilleux peut se nourrir à l'état sauvage, en plein air, des feuilles du chêne commun dans nos bois, vous apercevriez d'un coup d'œil l'immense avenir d'une si précieuse espèce, l'immense richesse que son introduction, son acclimatation pourrait jeter dans la France centrale et dans une grande partie de l'Europe, où le chêne abonde et où le climat se prête parfaitement à sa culture. — Tel est le Ver à soie du chêne du Japon, le *Bombyx Yama-maï*.

Ce ver est si estimé, au pays de provenance, qu'il est, dit-on, l'objet d'un monopole exclusif au profit de la famille impériale, et qu'une loi punit de mort quiconque livre ou exporte de ses précieuses semences. C'est même la cause de l'ignorance complète dans laquelle se trouvaient toutes les autres nations à son égard.

Il ne saurait être indifférent de connaître sommairement l'histoire de son introduction en Europe.

C'est seulement en 1861 que M. Duchesne de Bellecourt, consul général et chargé d'affaires de France au Japon, vit des cocons de *Yama-maï* et put se procurer quelques œufs, qu'il envoya en France et qui furent remis à la Société impériale d'acclimatation.

On tenta l'éducation des chenilles qui en sortirent; mais on ne savait rien de leurs habitudes : aussi une seule, provenant de quelques œufs remis à M. Guérin-Méneville, pour la détermination, parvint-elle à faire son cocon. Ce résultat, bien que négatif, pour la propagation de l'espèce, suffisait cependant pour donner une haute idée de ses qualités : il faisait connaître la beauté de la soie et la robusticité du ver.

Dans de telles circonstances, on ne pouvait que désirer ardemment un second envoi de graines.

La mission scientifique agricole envoyée en Chine et au Japon en 1862 fut donc chargée spécialement de rechercher et de rapporter le *Yama-maï*; mais M. Eugène Simon, qui la dirigeait, ne put en faire venir en France que par l'entremise de M. Pompe van Meerdervoort, officier de la marine royale hollandaise et directeur de l'École impériale de médecine de Nagasaki.

C'est, en effet, à ce savant que nous devons les rares semences qui ont engendré tous les Vers que nous possédons aujourd'hui en Europe.

J'eus le bonheur, grâce à mes modestes travaux sur la sériciculture et à mes succès dans l'élevage des vers de l'ailante, d'être mis au nombre des quelques personnes à qui, en Europe, fut distribué le petit lot de graines reçues du Japon. Je fus assez favorisé pour réussir au delà de toute espérance, et cette année, dès la troisième génération, je viens d'élever à Laval (Mayenne), où j'ai dû transporter ma résidence, environ 20,000 vers, en plein vent, sur chênes vivants ou branches coupées.

Voici un aperçu des diverses phases de cette intéressante éducation.

Mais auparavant, messieurs, qu'il me soit permis de rappeler en deux mots, comme élément de comparaison, l'éducation du Bombyx du mûrier :

Un œuf est pondu avant l'hiver ; un ver sort de sa coque au printemps, et, après trente ou quarante jours de soins incessants, après bien des difficultés provenant des conditions de température, d'aération et de propreté constamment nécessaires, ce ver monte dans des bouquets de bruyère où il file son cocon, c'est-à-dire l'enveloppe soyeuse qui doit protéger sa chrysalide, jusqu'à ce qu'il sorte papillon, pour recommencer, par la ponte, une génération nouvelle.

Eh bien, messieurs, le *Bombyx Yama-maï* est le seul des séricigènes connus qui se conduise d'une manière analogue à celui du mûrier.

C'est, comme chez ce dernier, l'œuf qui passe l'hiver, et la chenille, après quatre mues ou changements de peau, commence à filer son cocon. Il n'a aussi qu'une génération par an.

Il y a, on le comprend, un immense avantage à pouvoir conserver ainsi toute sa récolte en graines plutôt qu'en cocons. L'espace nécessaire est bien moins considérable, et il est beaucoup plus facile de les aérer convenablement, tout en les préservant de l'humidité et de la gelée. Il suffit, pour cela, de les tenir dans des boîtes percées de nombreux trous et placées dans une chambre sèche et située au nord, pourvu que la température n'y descende pas trop au-dessous de zéro.

Mais si la conservation des œufs est, chez le Ver du chêne, la même que chez celui du mûrier, l'éducation de la chenille se trouve beaucoup moins compliquée. Le *Yama-maï* est, en effet, une espèce sauvage qui aime le grand air, ne craint point les variations de température et n'a pas besoin, conséquemment, de cette atmosphère factice que l'on donne, à tort, au ver à soie ordinaire.

Aussi, pour le faire éclore, au printemps, suffit-il de transporter les œufs dans un appartement au midi : les vers naissent naturellement.

Je n'entreprendrai pas, messieurs, de vous faire connaître en détail les divers modes d'éducation qu'on peut mettre en pratique pour le Ver du chêne, ou de décrire les caractères de ce Bombyx sous les différents états qu'il traverse pendant sa vie. Ce serait abuser de vos moments, et vous pouvez, d'ailleurs, par les échantillons que j'ai l'honneur de placer sous vos yeux, vous rendre compte de la grosseur de l'œuf, de la belle couleur verte de la chenille, de la brillante livrée des papillons, de la beauté du cocon et des remarquables qualités de la soie. Pour ceux qui voudront entreprendre la culture du précieux insecte, j'achève la publication d'un Guide intitulé : *le Ver à soie du chêne, Bombyx Yama-maï*, et dans lequel je donne tous les renseignements nécessaires.

Je me contenterai donc ici de dire que le Ver du chêne traverse, comme celui du mûrier, cinq âges, séparés par quatre mues ou changements de peau ; qu'il réclame impérieusement de l'air pur à tous les instants et de l'humidité, lorsque le temps est chaud ; qu'il est fort nuisible à sa santé de le toucher avec les doigts, et qu'enfin, en l'entourant de tous les soins nécessaires à un être si faible, on peut l'élever avec succès de trois manières principales :

Ou sur branches coupées, dont le pied trempe constamment dans des vases pleins d'eau ; il faut alors avoir la précaution de changer l'eau et les rameaux d'abord tous les jours, puis au moins tous les deux jours ;

Ou bien en plein vent, sur taillis de chêne ou sur arbres isolés, dont on éloigne, autant que possible, tous les ennemis du ver ;

Ou, enfin, sur branches coupées, pendant les deux premiers âges, et sur arbres vivants, en pleine nature, pendant les trois derniers.

Le *Yama-mai* mange de la feuille de tous les chênes indistinctement. On en compte au Japon, cinq variétés principales qui lui soient très favorables ; en France, toutes celles qui croissent dans nos bois lui conviennent également. Il mangerait même le chêne vert et le chêne-liége, mais je ne conseillerais pas d'adopter, pendant toute l'éducation, ces sortes de nourriture, car la soie serait sans doute alors de qualité inférieure. Il peut s'alimenter encore, ainsi que je l'ai constaté, de quelques autres végétaux, tels que le cognassier, l'alisier, le châtaignier ; mais ces particularités, qui ne disent point que le Ver soit aussi bien constitué en changeant de végétal, n'ont d'intérêt que dans le cas où la chenille naîtrait avant l'apparition des feuilles de chêne.

Après soixante à soixante-dix jours de nutrition, suivant le climat ou la température, le Ver commence à filer son cocon, et 39 ou 40 jours plus tard a lieu l'éclosion du papillon.

Lorsqu'on veut consacrer sa récolte au grainage on dispose les cocons dans une boîte en canevas à pans obliques, que j'ai décrite pour la première fois ailleurs, et où les mariages, ainsi que la graine, se font parfaitement ; dans le cas où les cocons sont destinés à la production de la soie, on les envoie, avant la sortie des papillons, à une filature, où ils sont traités absolument comme ceux du mûrier. Les fils se désagrègent par la simple immersion dans l'eau bouillante et se dévident admirablement à la mécanique.

Ce cocon est celui qui, par sa couleur et la beauté de sa soie, se rapproche le plus de cocon du mûrier. Son poids est bien supérieur à celui du dernier. Un cocon plein ou frais de *Yama-maï* pèse de 5 à 8 grammes ; 200 cocons au plus pèsent donc le kilogramme ; tandis qu'il en faut environ de 450 à 500 du mûrier pour former le même poids. Un cocon vide du premier pèse, en moyenne, 70 centigrammes, tandis que le second n'en pèse que de 30 à 35, moitié moins. Le brin est peut-être un peu moins fin ; mais, de l'avis des hommes compétents, ce n'est point un signe d'infériorité. En effet, disent-ils, tandis qu'on dévide le cocon ordinaire à huit ou dix brins, on dévidera le *Yama-maï* à 2 ou 3, et l'on obtiendra un fil aussi fin et plus régulier, puisque le brin étant plus fort cassera moins souvent.

Vous pouvez, du reste, messieurs, sur ces échantillons de soie grége de *Yama-maï*, à deux cocons, qu'un des premiers filateurs d'Europe, M. Blanchon, de Saint-Julien-Saint-Alban (Ardèche), a bien voulu me faire confectionner il y a quelques jours, vous pouvez constater par vous-mêmes combien apparaissent dans cette soie, quoique à l'état brut, les éminentes qualités qui la rapprochent de celle du mûrier.

La nuance verdâtre, qu'elle a conservée après le dévidage, ne saurait être un obstacle à la teinture en couleurs tendres, car elle disparaît au décreusage ; et, d'ailleurs, cette coloration ne se fait remarquer que dans les couches externes du cocon ; à l'intérieur, le brin est d'un blanc d'argent.

Après avoir constaté et admiré la beauté du produit, cherchons, messieurs, ce que pourrait, en grande culture, rapporter ce précieux insecte, puisque tel doit être le but de toute entreprise agricole. Malheureusement les éducations n'ont pas été encore assez nombreuses pour qu'on ait pu se rendre parfaitement compte de la quantité de feuilles nécessaire à un nombre déterminé de vers ; on n'a pu consacrer au dévidage une masse de cocons suffisante pour que le taux du rendement puisse être exactement apprécié, et pour que la soie puisse être classée dans l'industrie ; mais, d'après

les données de l'expéri▸nce acquise et à l'aide de renseignements puisés à bonne source, nous avons le moyen, dès à
présent, d'arriver à une approximation d'autant plus accep-
table que, dans tous nos calculs, nous ne prendrons qu'un
minimum.

Dans un hectare de bois taillis bien aménagé, on peut cer-
tes nourrir de 20 à 25 chenilles par mètre carré : admettons
20. Supposons même que, pour diverses causes, la récolte
soit réduite à 10 cocons par mètre, ce qui est faire une part
immense au déchet naturel : on obtiendrait encore 100,000
cocons à l'hectare, c'est-à-dire (puisque 200 cocons au plus
forment un kilogramme), 500 kilogrammes de cocons frais.
Mais tous les bois ne sont pas convenablement installés pour
cette culture ; il faut, d'ailleurs, déduire les chemins d'exploi-
tation et de surveillance. Réduisons donc, si l'on veut, du
tiers, des trois cinquièmes, de la moitié même, pour fixer le
minimum aussi bas que possible : il resterait encore une récolte de 250 à 300 kilogrammes par hectare.

D'un autre côté, la soie du *Yama-maï,* si elle ne se trouve
pas encore dans le commerce français, est cotée au Japon à
une valeur à peu près égale à celle du mûrier. D'après des
chiffres authentiques, tandis que cette dernière est payée à
partir de 60 fr. le kilogramme, celle du chêne s'achète de 55
à 85 fr. le kilogramme. Or, d'après l'opinion des hommes
compétents, le rendement au dévidage du *Yama-maï* se trou-
vera au moins dans les conditions normales, c'est-à dire
qu'il faudra de 10 à 14 kilog. de cocons pleins pour 1 kilog.
de soie , ce serait donc, pour le kilogramme de cocons pleins,
une valeur de 5 fr. 50 c. à 7 fr. Admettons cependant, par
impossible, qu'ils se vendent à un cours inférieur, à 4 ou 5
fr. seulement ; ce serait encore un revenu annuel de 1,200
à 1,500 fr. par hectare. Et cette récolte aura été obtenue
presque sans peine, avec des matières (les feuilles de chênes)
jusqu'ici restées sans emploi.

Pour obtenir un aussi beau résultat, les frais auront été peu importants : une première et rapide main-d'œuvre pour le nettoyage du sol ; un filet pour couvrir les taillis, et qui durera dix ans, ou bien les frais d'un garde pour deux hectares pendant 50 à 60 jours : enfin le coût de la main-d'œuvre pour la récolte. Tous ces frais seront, d'ailleurs, en partie couverts par le produit de la coupe du bois.

Vous le voyez, messieurs, nous arrivons à un résultat admirable ; c'est une source immense de richesse à jeter dans nos campagnes, sans nuire à aucune autre.

On a élevé quelques objections contre ces éducations en plein air.

On a dit, d'abord, que les oiseaux et les insectes détruiront la plus grande partie, sinon la totalité des Vers. Eh bien, messieurs, c'est ici l'histoire de l'introduction du blé en France. Je ne cesse de faire cette comparaison qui combat victorieusement l'objection. Si l'on semait, en effet, quelques grains de blé dans un jardin, à proximité des habitations où les moineaux pullulent, on ne récolterait pas une graine ; tous les épis seraient dévorés. Il en sera de même pour le *Yama-maï*. Tant que les vers seront élevés, comme essai, près des maisons, il faudra les surveiller ou les abriter contre toutes les chances possibles de pertes ; mais dès qu'on aura assez d'œufs pour les élever en grand, dès que les arbres et les taillis, dans les campagnes, seront couverts de ces magnifiques chenilles, les oiseaux ne prélèveront plus sur les récoltes qu'un impôt inappréciable. Les vers auront vaincu par le nombre. — D'ailleurs, le produit mériterait les frais d'un gardien.

On accuse aussi les fourmis et les guêpes. Quant aux premières, on peut s'en débarrasser, sur les points où elles paraissent, en répandant sur le sol des substances répulsives, par exemple, de la sciure de bois imprégnée de coaltar ; et, pour les dernières, elles n'ont pas encore paru du 15 au 30 juin, époque à laquelle les Yama-maïs ont déjà fait leurs cocons.

Enfin, je ne m'arrête pas davantage à une autre crainte sans fondement, relative au préjudice que peut causer aux chênes la privation de leurs feuilles au printemps. Tout le monde sait que les hannetons broutent quelquefois les arbres et que ces arbres repoussent toujours parfaitement à l'automne.

J'ai démontré, messieurs, je l'espère, du moins, la rusticité, la robusticité du précieux *Yama-mai* et son aptitude à vivre en plein air, sans maladies et sous des températures variables ; j'ai prouvé, par mes éducations successives, qu'il est parfaitement susceptible de s'acclimater dans toute la région centrale de la France et même de l'Europe, où le chêne abonde ; j'ai essayé, enfin, de faire ressortir l'importance et la beauté de ses produits, que les plus grands industriels du Midi considèrent comme pouvant acquérir, par le travail, toutes les belles qualités de la plus belle soie du mûrier. Si donc, comme vos approbations me le font espérer, j'ai réussi à faire passer en vous ma conviction, je puis dire, avec la certitude d'être entendu : Cultivons, propageons ce merveilleux insecte, faisons produire des millions à nos haies et à nos bois, et, dans peu, après avoir porté secours à la grande industrie méridionale, nous pourrons, à notre tour, fonder des usines, de grandes filatures, où la soie d'or représentera l'une des sources les plus fécondes de la fortune publique.

Une personne de l'honorable assistance me fait l'honneur, messieurs, de me demander mon opinion sur la cause de l'épidémie qui ravage depuis trop longtemps les contrées séricicoles. Ce n'est point dans le programme de notre entretien, et, au moment où une Commission de savants se préoccupe du terrible fléau, il serait peut-être convenable d'attendre le résultat de l'enquête. Mais, comme je me suis trouvé à même de voir, d'étudier de près cette grave question, et que j'ai publié mon opinion depuis quelques années déjà, je crois pouvoir la reproduire ici en peu de mots.

Je ne crois point, messieurs, que le germe de la maladie se trouve *actuellement* dans la feuille du mûrier. Sans doute, l'état du végétal a pu contribuer accidentellement au grand échec de 1849, dont on ignore la cause et qui fut le point de départ des désastres dont nous avons été frappés depuis lors; mais cette influence fatale de la feuille ne se reproduit pas chaque année. Entre autres preuves, je dirai qu'on voit souvent des graines, de même provenance et nourries avec la même feuille, qui donnent des résultats tout à fait opposés, suivant les locaux ou les éducateurs. La maladie agirait, d'ailleurs, sur d'autres végétaux.

Il est bien plus rationnel d'admettre qu'un grand nombre d'éducations ayant échoué, en 1849, les éleveurs les moins malheureux consacrèrent la plus grande partie de leur récolte au grainage, sans pouvoir opérer, sur la masse, le choix des cocons ou des papillons, que chaque éducateur, faisant lui-même sa graine, effectuait avec soin tous les ans. Aussi, presque toutes les semences de cette récolte furent-elles infectées et donnèrent-elles de mauvais résultats. Celles qui ne l'étaient pas encore le devinrent forcément, par la même cause, en un an ou deux.

Et bientôt la graine française se trouvant presque nulle ou complétement envahie, on fut obligé de recourir, à grands frais, aux graines étrangères, sans se préoccuper de revenir le plus tôt possible au grainage indigène.

Mais là n'était qu'un moyen transitoire ou empirique d'échapper à la ruine. Persister dans cette voie, c'était vouloir ne jamais améliorer et même compromettre de plus en plus la situation de cette grande industrie.

Que d'éléments d'insuccès renfermait, en effet, cette immense importation de graines étrangères ! Fraude ou mercantilisme, dénominations trop souvent mensongères, insuf-

fisance ou imperfection des moyens employés pour les grai-
nages, tout devait concourir à jeter nos sériciculteurs dans
l'incertitude et à laisser le hasard maître absolu de leur fortune.

Quelques hommes dévoués et loyaux ont, sans doute, entrepris de lointains voyages pour aller, eux-mêmes, faire
grainer des espèces reconnues saines et déjouer ainsi les cou-
pables manœuvres des spéculateurs indélicats ; mais, là encore, combien d'erreurs ou de négligences peuvent se com-
mettre, lorsqu'il s'agit d'opérations aussi délicates lorsqu'elles sont faites sur une immense échelle ! Est-il possible de
donner tous les soins nécessaires à chacune des phases d'un
grainage, lorsqu'il est considérable ? Dispose-t-on d'un per-
sonnel assez nombreux, assez expérimenté, assez conscien-
cieux ? Peut-on tout voir, tout diriger, tout contrôler par
soi-même ? Et cependant le moindre défaut de surveillance,
ne fût-ce que d'un moment, suffit pour tout compromettre.

Cette graine, d'ailleurs, eût-elle reçu des soins éclairés,
qu'introduite chez nous, elle eût encore porté un germe de
faiblesse et réclamé des soins particuliers.

Dans les pays de provenance, en effet, les vers avaient
joui, sous une température élevée et uniforme, d'une aération très-grande ; importés dans notre climat, très-variable
au printemps, on devait forcément, pour leur conserver l'é-
quilibre de température, les élever pour ainsi dire en serre
chaude, en les privant d'une partie de l'aération nécessaire.
De là, affaiblissement, altération des organes et finalement
décomposition des tissus. Et c'est au sortir de la quatrième
mue, l'époque la plus critique du ver, celle où il emprunte
le plus à l'air, que l'asphyxie, la gangrène, avec lesquelles
la gattine a tant de rapport, se produisent forcément sur tout
ou partie de l'éducation. Aussi voit-on échouer les grandes
chambrées plutôt que les petites.

Ce que je dis là, messieurs, se prouve encore par le ver du

chêne, qui ne saurait être élevé en lieu clos. Toutes les chenilles ont un impérieux besoin d'air pur. Je serais même
porté à croire que les vers, comme les végétaux, ont besoin
la nuit d'un abaissement de température et d'une plus grande fraîcheur. Leur vie se rapproche beaucoup de la vie végé-
tative ; n'auraient-ils pas, comme les plantes, une double
respiration dermale : celle du jour et celle de la nuit ?... Ce
qu'il y a de certain, c'est que, dans la nature, les chenilles
recherchent toujours la rosée nocturne.

On m'objectera, sans doute, qu'autrefois, en France, on
conduisait très-vite et avec beaucoup de chaleur les éducations séricicoles. Je n'en disconviens pas ; mais on opérait
sur des races acclimatées, habituées à la domestication. Qu'on
cherche à transporter, sans transition, dans nos rudes climats
les hommes et les animaux de l'Orient, habitués à une température d'une continuelle douceur. Que deviendront-ils ?....
Et cependant les animaux doivent mieux résister, par consti-
tution, que de faibles insectes, dont l'existence est si intime-
ment liée à toutes les influences atmosphériques.

Quelquefois, sans doute, les vers ainsi importés peuvent
arriver à faire de beaux cocons, et l'éducateur croit à une
magnifique récolte. C'est ce qu'on peut appeler un succès
commercial ; mais pour le graineur, comme pour l'entomolo-
giste, ce résultat apparent ne suffit plus. Ce n'est pas l'abon-
dance des cocons qui doit le satisfaire,ce qui le préoccupe,
c'est ce qui se passe dans le cocon même, c'est le bon état de
la chrysalide, de l'insecte qui va bientôt se reproduire.

C'est en m'appuyant sur de telles considérations que j'ai
proposé, il y a plusieurs années, un mode d'éducation ou
plutôt d'acclimatation qui permettrait de revenir, avec succès,
au grainage indigène, la base de notre salut, et qui m'a don-
né les résultats les plus satisfaisants.

L'automne est, chez nous, une saison beaucoup plus belle
que le printemps. La température, assez élevée, y est à peu

près régulière. Rien ne s'oppose, en conséquence, à ce que les vers soient élevés sans feu et presque en plein air, ce qui est le point essentiel. Nous trouvons donc, chez nous, à cette époque, toutes les conditions climatériques propres à faciliter une éducation d'acclimatation, une éducation transitoire, intermédiaire entre le climat de provenance et celui de la France au printemps.

Il faut donc choisir une belle race et commencer son importation par de petites éducations automnales bien dirigées. En opérant, parmi les cocons, et même parmi les papillons, un choix rigoureux, on obtiendra de la semence qui sera, je n'hésite pas à l'affirmer, d'excellente qualité, pourvu qu'on ait eu soin de faire grainer à basse température. Chaque sériciculteur, ainsi pourvu de graines sûres, n'aura plus à dépenser, pour cet objet, des sommes considérables, et à craindre de voir constamment ses récoltes ravagées par l'épidémie.

J'ai fini, messieurs, ce trop long entretien. Il me reste, toutefois, à remercier votre brillante assemblée de l'indulgente attention qu'elle a bien voulu prêter à ma parole inhabile. Je ne m'étais décidé à inaugurer ici, sans préparation, les conférences des exposants sur le lieu même de l'exhibition, que pour témoigner à ses savants organisateurs de mon dévouement à leur œuvre. Et vous, messieurs, vous avez voulu, en encourageant ces premiers débuts, sanctionner, vous aussi, l'utilité d'une innovation appelée à porter ses fruits dans l'avenir. C'est qu'en effet, vous l'avez compris, nous sommes tous ici, membres de la Commission, auditeurs et exposants, liés par une même préoccupation, nous marchons tous vers un même but : LE PROGRÈS !

CAMILLE PERSONNAT.

Bombyx Yama-Maï Guer-M.

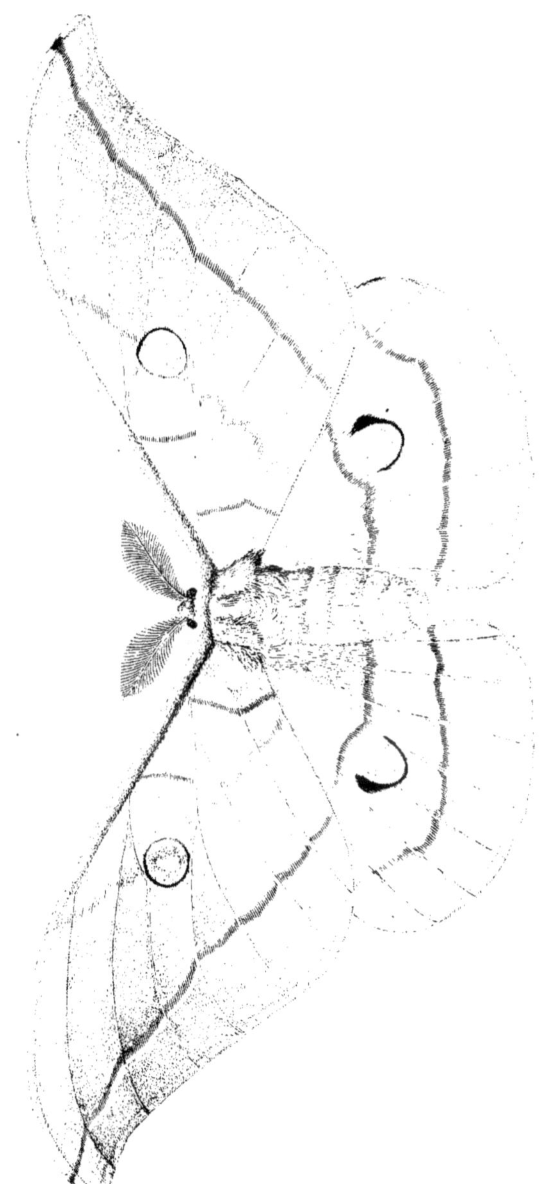

Bombyx (Antheræa) Yama-Mai - ♀ - M.

Mâle (grandeur naturelle)

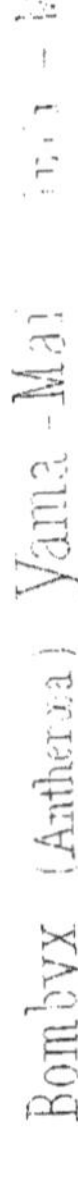

Bombyx (Antheraea) Yama-Maï

DU MÊME AUTEUR :

Le Ver a soie du chêne *(Bombyx Yama-maï)* : — son histoire, sa description, ses mœurs, ses divers modes d'éducation, ses produits ;

Ouvrage accompagné de 3 planches coloriées :

1 vol. in 8º, 1866,   **3** francs.
Franco, (en France), par la poste   **3** fr. **20** c.

S'adresser : à LAVAL, à l'École de Sériciculture, rue de
Bretagne, 59 ;

à PARIS, Librairie agricole de la Maison Rustique, rue Jacob, 26.

LAVAL, IMP. MARY.

www.ingramcontent.com/pod-product-compliance
Lightning Source LLC
LaVergne TN
LVHW012115170726
843501LV00008BC/2885